JCA 研究ブックレット No.28

子育て世代の農業経営者

農業で未来をつくる女性たち

和泉 真理◇著

出発点と視点

「農家女性」「農村女性」という用語を使わないでほしい。次世代の農業の担い手の確保という視点から女性を取り上げたいと知り合いの40歳前後の女性農業者数人に相談したら、冒頭にこう言われました。この用語から湧き上がる旧来のステレオタイプの女性像、「苦労している農家の嫁」「閉鎖的な農村」などのイメージが嫌なのだそうです。かくいう彼女達は、実家が農家の人も都会から農村・農業に飛び込んできた人もいます。作っている作目も経営の規模もまちまちです。しかし、彼女達は農業という仕事を自ら選び、自分のやりたいことを農業という舞台で達成すべく日々過ごしています。皆一様に子育てに忙しい年頃であり、農業と家事と子育てとに追われているのですが、それも含めて自分で生き方をしっかりと語る姿は、確かにこれまでの「農家女性」のイメージとは異なります。

実際に何人からの女性農業者を訪れると、「農家女性の課題」という言葉から想像される「農家の中の女性の立場」「農村社会での女性の立場」「農村女性による起業・農業の六次産業化」といった切り口にも変化を感じました。農業者数の減少、耕作放棄地の増大、輸入農産物の増大など暗い話題の多い日本の農業ですが、その中で、女性のみならず、農業・農家全体として従来にない色々な活動を行う余地が見られ、実際にユニークな経営を行う若い農業者が各地で見られます。その中で女性も、農業という職業を自ら選び、農業を通じて自己表現をしようとし、従来の経営を積極的に変えていこうとしているようです。農業に携わる女性像は大きく変化しています。

日本の農業が直面する課題として必ず挙がるのは、農業者の減少と高齢化、次世代において農業を行う人の不足です。次世代の農業の担い手の確保を考える時、女性を外すことはできません。平成31年の統計によれば、日本の農業就業人口の45％を女性が占めています。基幹的農業従事者数からみても、女性は40％を占め、特に50歳代、60歳代において、女性の比率は高くなっています。また、農業経営の視点から見た時、経営に女性が関わっている経営の実績がより高いことが、農林水産省や日本政策金融公庫の調査⑴から指摘されています。

しかし、残念ながら、農業に従事する女性の数は男性以上に急速に減っており、農業就業人口に占める女性の比率は年々下がっています。平成10年度の農業白書の農家女性の動向（198ページ）の節の冒頭は、「現在、農業就業人口の約6割は女性が占めており」という書き出しで始まっていましたが、それから20年の間に、その割合は45％に

⑴ 日本政策金融公庫ニュースリリース（平成28年9月15日）「農業経営における女性の存在感強まる収益増にも寄与」

表1　農業就業人口に占める女性

（単位：千人、％）

	平成7年	12年	17年	22年	27年	31年
農業就業人口	4,140	3,891	3,353	2,606	2,097	1,681
うち女性	2,372	2,171	1,788	1,300	1,009	764
女性の割合	57.3	55.8	53.3	49.9	48.1	45.4

出所：農林水産省「農林業センサス」「農業構造動態調査」

まで減りました（表1）。

特に若い女性の減少率が男性に比べて大きくなっています（図1）。30代、40代の男性の農業就業者数は、近年減少率が減ってきていますが、女性は大幅な減少が続いています。表2にあるように、10年ごとの変化率を比べると、30代、40代の農業就業人口は男性では、最近10年間の減少幅は減り、特に30代については▲7・6％と人数はほぼ維持されているとも言えます。一方、女性については、最近10年で30代の農業就業者は6割近く減り、40代についても平成7～17年より17～27年の減少率の方が大きくなっています。

農林水産政策研究所による「農業・農村における女性の減少理由の分析」（平成30年）(2)では、農村地帯や農家世帯で女性が少なくなっている要因として、「高校卒業時に都市へ流出した女性が男性に比べて還流・流入が少ない」「特に農家世帯で子育て世代の人口が減少している背景に、男性農業就業者の未婚率の高さがある」としています。また、農業に従事する女性が減っている要因として、「医療・福祉分野における労働力需要の高まり」「集落営農組織が展開している稲作地帯での女性労働力の必要性の低下」「農村地帯ではフルタイムで就業しやすい環境が都市に比べて整っている」ことを挙げています。そして改善方向として「都市での就業経験のある女性にとって魅力的な仕事・働く場を農村地域においていかに作り出していくことができるか」「出産・育児等とキャリア形成の両立を志向する女性にとって、農業が一つの選択肢となり得ることを積極的に発信することが必要。加えて、女性が家事・育児等に携わりながらも、余力に応じて農業に従事できるような職場環境の整備・充実が求められる」としています。

（2）農林水産政策研究所（平成30年）「農業・農村における女性の減少理由の分析」『農林水産省「農業の『働き方改革』検討会」（第3回）（平成30年2月9日開催）における配布資料』

図1　年齢別農業就業人口の推移（男女別）

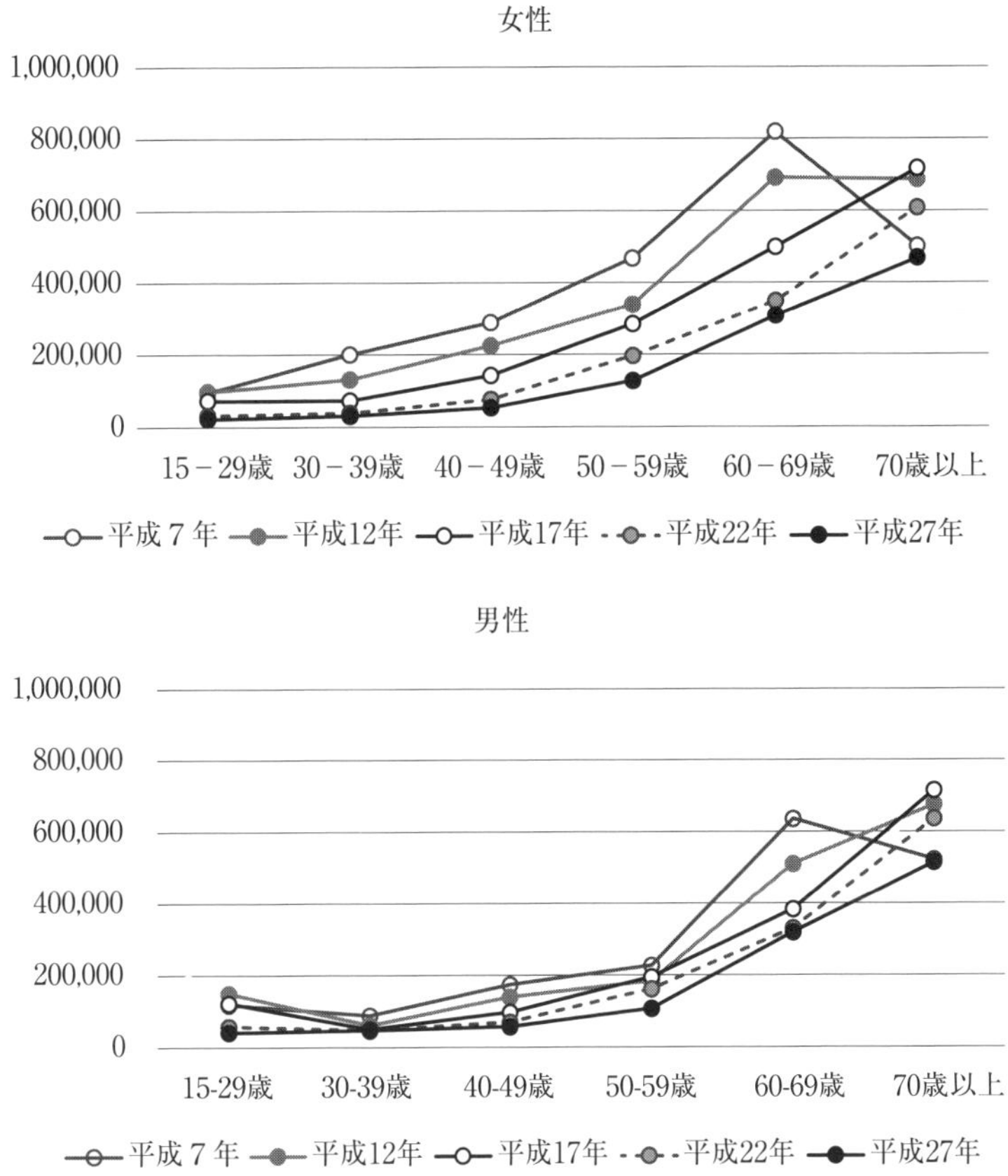

表2　男女別年齢別の農業就業人口の変化率
（平成7-17年と17-27年の比較）　　（単位：%）

	女性		男性	
	7－17年	17－27年	7－17年	17－27年
30-39歳	▲63.8	▲57.8	▲43.0	▲7.6
40-49歳	▲50.7	▲62.8	▲44.0	▲41.2
50-59歳	▲39.2	▲55.3	▲14.2	▲44.9
60-69歳	▲39.0	▲38.3	▲39.7	▲16.8
70歳以上	43.0	▲34.7	37.0	▲28.0

出所：図1、表2とも農林水産省「農林業センサス」

また、女性は農業に関わるようになるきっかけも男性とは違います。少し古い調査ですが、農林水産省の「女性農業者の地位向上に関する実態調査」(3) によれば、女性が農業を始めるきっかけは各年代とも「夫が農業をしていた」が7割を超えています。女性農業者の多くは結婚を機に農業に新規に参入しています。しかし、次世代の農業者の確保状況を知る上での貴重な統計である農林水産省の「新規就農者調査」を見ると、毎年5～6万人の新規就農者の中で、女性の比率は毎年25%程度となっており、これでは農業就業人口の45%が女性であるということにはなりません。つまり、結婚を機に就農した多くの女性農業者は、新規就農者としてカウントされていないのです。農外から新たに就農する人は、農業や農村の活性化には担い手の数の確保のみならず新たな発想を持ち込む点でも大きな役割を果たしています。一方、このような新規参入者が農業において独り立ちするためには、農地の確保や技術、資金、地域への溶け込みなど多大な困難があり、国や自治体、JA、農業法人など様々な組織が彼らをサポートしています。若い新規参入者には様々な支援が行われ、スポットライトも浴びていますが、最大の新規就農者グループとも言える女性はその対象の外にあるということです。

でも、冒頭に紹介した、若い女性農業者達は、実際に農業を職業として選択し、子育てをしながら、農業を通じて様々な自己表現をしようとしています。都市出身者であえて農業を選んだ人もいるし、皆農村で子育てと農業というキャリアの両立をさせている女性ばかりです。彼女達が感じる「魅力的な仕事としての農業」とは何なのか、女性が経営に関わると経営の実績がより高いのは何故なのか、「農家女性」「農村女性」と呼ばれたくない彼女達は、どの様な新しい女性像を持っているのか。

農業に取り組む女性は、年代、働き方、経営内での立場など実にさまざまです。本書では、その中で、次世代の農業の担い手である女性という視点で、農業法人の経営者あるいは共同経営者として経営に関わっている若い女性農業者（40代まで）に調査対象を絞って、6人の女性に話を聞きました。彼女達が、どうして農業という仕事を選んだのか、どのように農業に関わり、将来に向けて何をしようとしているのかを聞いてみました。調査対象を絞ったつもりでしたが、それぞれの語る中身は極めて多様で、そこからは、女性という枠組みにとらわれない、農業の持つ多様な価値、新しい時代の農業の姿が体現されていると思いました。新しい女性農業者像、新しい農業像を感じていただければと思います。

（3）農林水産省（平成12年）「女性農業者の地位向上に関する実態調査」

第1章　農業法人を経営する女性達

最初に紹介する2人の女性は、農業法人の若き経営者です。

平成27年の農林業センサスによれば、経営主が女性である農家の割合は6・7%となっています。この中には、配偶者が死去後の経営継承のケースがかなり多いと考えられ、本章で紹介するような若い世代の女性農業経営者はかなり珍しいでしょう。日本政策金融公庫の行った調査[4]によれば、調査対象であるスーパーL資金または農業改良資金の融資先である農業経営体のうち経営者が女性であるのは2・6%でした。また、日本農業法人協会の調査[5]の回答法人のうち、経営主が40代以下の法人は13・5%しかなく、この点でも紹介する2事例は珍しいケースに当てはまります。紹介する2人とも、実家が代々の農家というわけではありませんが、今や10名以上を雇用する法人を経営しています。小さいお子さんを育てつつ、自分の経営も育てている女性達です。

写真：ウーマンメイク（株）の外観（ウーマンメイクのウエッブサイトより）

1　平山亜美さん　大分県国東市「ウーマンメイク（株）」

大分空港近くで女性だけの従業員で30ａの植物工場でリーフレタスを生産するウーマンメイク（株）。この農場を経営する平山亜美さんは、農外からの新規参入者でシングルマザーです。それでいて、植物工場という初期投資の大きい農業を選択し、1年目から黒字経営を達成していることは、農外からの新規参入者の半分が経営開始5年後も農業で食べてはいけない現状から見れば驚くばかりです。ウーマンメイク（株）のウェッブサイトには、ピンクのユニフォームを着た女性達の写真が掲載されており、華やかなイメージを抱きがちですが、平山さんとお話ししてみると、経営者としての冷静な考え方が印象的でした。

写真：平山亜美さん

（4）（1）に同じ
（5）日本農業法人協会（平成30年）「農業法人白書〈2016年農業法人実態調査結果〉」

（1）経営の概要

平成27年に設立されたウーマンメイク（株）は、大分県国東市、大分空港から15分ほどの場所にあります。6連棟のハウス約30ａで4種のリーフレタスを生産しています。

ウーマンメイク（株）の役員・職員は全て女性です。役員は平山さんを含めて2人、常勤パート12人となっています。設立してまだ4期目ですが、販売額は1期目4２００万円、2期目5８００万円、3期目7２００万円と着実に伸びており、1期目から黒字経営となっています。

リーフレタスは、は種から収穫まで、夏は1か月、冬は3か月、平均して2か月で収穫できます。主な作業は苗の植え付けと出荷作業です。1日2５００袋出荷しています。生産されたリーフレタスは、後述する農場設立時からサポートしてくれる近隣でネギを生産する農業法人の販路を活用して、主に東京のスーパーに出荷されています。大分空港に近いことを利用し、見た目と鮮度が重視されるリーフレタスを空輸で東京のスーパーに直送しています。「野菜そのまま」の新鮮な味を「優しいママ」のような愛情を込めて、というコンセプトの「やさいままま」というブランド名は、「全て女性だけで作りました」というフレーズとともに消費者の心を掴んでいます。ウーマンメイク（株）は令和元年度農山漁村女性活躍表彰で農林水産大臣賞を受賞しています。

（2）平山さんの就農の経緯

大阪出身の平山さんは、もともと農業との繋がりは全くありませんでした。大分県の大学に進学し観光や語学の勉強をしていました。一旦地元に帰って就職しましたが、別府の会社に転職し、お子さんができたことで退職し、職探しをしていました。平山さんは、大学で学んだ観光や語学を活かせるかと思い、大分空港の近隣で道の駅を作るプロジェクトに関わるようになりました。道の駅を作るなら、そこで周年で野菜を供給できるようにしなくては、と考えたのが、平山さんの農業への関わりのきっかけです。当初は小規模な畑で野菜をつくるプロジェクトを考えましたが、それではシングルマザーとして食べていくだけの収入も、時間的な余裕も無いと気づきました。道の駅のプロジェクトを進めるのをサポートしてくれた地域の様々な人達の中に、ネギを大規模に生産する農業法人の経営者のUさんがおり、「どうせ農業をやるなら儲かる農業をしたらどうか」と助言されました。気付いたら始めようとする農業の規模がどんどん大きくなっていました。「怖いもの知らずだったから」と平山さんは言いますが、「食べていける農業」をしっかり考えた末にたどり着いたのが、水耕栽培によるリーフレタスの生産でした。

水耕栽培を選んだのは、生産の回転数が多いし、収入が見通せるし、軽量で女性でも扱いやすいと思ったからです。レタスの水耕栽培については、宮崎県で取り組んでいる農業法人に勉強に行きました。今でもその法人の技術者が毎月見にきて指導してくれています。ネギを生産する農業法人のUさんは、取引先の東京のスーパーでリーフレタスが欲しいと要望されていたことから、平山さんがリーフレタスを作るなら、それを自分の販路に乗せて一緒に売ろうと考えました。平山さんとUさんとで営業を行い、東京のスーパーとの取引が成立しました。生産開始前に販路が決まっていることは、平山さんが水耕栽培ハウスを建てるための融資を受けることを可能にしました。

平山さんが経営を始めるために要した資金は、ハウスで1億円強、他に土地の購入費などで全体で約1億5000万円です。資金の出所は、強い農業づくり交付金5000万円、その他は融資を受け、14年間かけて返済することになりますが、生産と販路が安定しているので、当初から返済の目処が立っている状態です。土地については、地元の人であるUさんが探して交渉してくれました。また、集出荷場の建設資金はウーマンメイク（株）向けの補助金の対象外でしたが、共同使用を条件にU社が地域づくり補助金を活用して建設しました。

(3) 経営の特徴、考え方

ウーマンメイク（株）の第1の特徴は、やはり女性だけの農業法人だという点でしょう。平山さんは、そのメリットについて、女性だけなんて面白いねと様々に取り上げてもらえることをあげ、求人を出した時のイメージも良いそうです。デメリットとしては、リーフレタスの水耕栽培自体は負担は少ないにせよ、女性だけでは力仕事が大変な点だそうですが、作業所などが隣接しているUさんの農場の若い従業員に機械修理などを頼むなど、協力体制をとってこなしています。全般的に女性だけだから農業経営が不利、ということはないようです。

ウーマンメイク（株）の役員や社員、常勤のパート従業員の中には、平山さんも含めて子育て中の女性が7人います。学校行事、保育園の送迎、通院など、勤務時間や休日が変動しますが、パート従業員同士で調整したり、足りなければ通常は生産に入らない役員が作業に入ったりし、子連れ出勤も可能です。ハウスの規模が30ａだけなのでどうにかなるそうです。パートの従業員への支払いは時給制ですが、皆この農場で働いて2年目以上となり、技術が向上し、昼までに仕事が終わってしまいます。作業効率が上がった分、他の仕事を増やさないと手取りが減ってしまうというのが課題です。

水耕栽培のリーフレタスは、収穫作業は腰の位置ででき、ハウス内もきれいで泥だらけになることもなく、またレタスは段ボールいっぱいに商品を詰めても2kgくらいと比較的軽いので身体への負担も少ないなど、女性に向いた作目と言えます。従業員の誕生日にはリーフレタスの種まきを担当する、「バースデーシーディング」をすることで作業意欲が増す、といった工夫もしています。

今後は、企業理念を整え、社員を増やし、それによって法人全体の士気を上げていきたいと考えています。ここで働く人が、子供を育てお金を貯めていけるような給料を出す法人にしたい、という平山さんのセリフは、やはり幼い子供を持つシングルマザーならではでしょう。

もう1つの特徴は、農外からの新規参入でありながら、初期投資の大きな経営を立ち上げたことでしょう。地元の大規模農業法人との連携により当初から販路を確保し、売上高が計算できたことが、これを可能にしています。新規参入の生産者でありながらも、宮崎の農場から技術支援を仰ぎつつきちんと栽培管理を行い、予定された量のリーフレタスを生産できていることも大きいです。

出荷先の各スーパーとは年間契約で一定の価格で取引し、売上高の安定に結びついています。東京向けの販売から始まったウーマンメイクですが、メディアが取り上げるようになったら大分県内のスーパーから取り扱いたいと言われるようになり、地元との取引も増えてきました。航空運賃の不要な地元への販売は商品価格を抑えることができるのでありがたいそうです。平山さんは外食や中食向けの販売にも関心はあるそうですが、これら業務用は株の数ではなく重量で取引するので、時期によって株の重さが変わるリーフレタスには向かない上、30ａという規模では小さすぎるので、当面は小売業向けで、むしろ品目の拡大を目指したいとのことでした。

（4）考え方と今後の展望

平山さんは、経営については全くの素人でしたが、例えば異業種交流のイベントに出かけて様々な分野の人の話を聞いたりすることで、勉強してきました。無料で参加できる農業経営塾など、農業は女性に対して様々な支援が手厚いと感じています。

また、農村で働いているからこそ、子育てと仕事を両立させることができることも農業のメリットです。子供が職場にきて関わることもできるし、作業があまり時間に縛られないのも小さい子供の子育てとの両立にはありがたい点です。

ウーマンメイク（株）では、大分県の後押しもあり、令和2年度にハウスを50ａ拡大する計画が進行中です。拡大したハウスを活用し、就農希望の研修生を3人受け入れる予定です。この地域でも後継者のいない農家は多く、耕作放棄地も増え、地域全体の活力が失われつつある中、研修施設となることで、新たな移住者を受け入れられればと平山さんは思っています。他方、U農園も息子の代が育ち、またこの地域の水田の担い手として大規模に作業受託する若い農業法人も出現しています。その中で平山さん自身も、地域の次世代の農業を担う若い経営者、新しいタイプの経営者として期待されています。

2　飯野晃子さん　群馬県前橋市「(株) プレマ」

飯野晃子さんは、群馬県前橋市で12haの農地で有機栽培の小松菜を生産する（株）プレマを経営しています。また、一般社団法人日本ヒーリングフード協会の代表として、環境と心身に優しい食事の促進にも精力的に取り組んでいます。学生時代の一人暮らしの時に食の大切さに気づいたことをきっかけに、オーガニックを広めることをライフワークに据えた飯野さんは、父親の始めた有機農場を引き継ぎ、アジアでの持続的なモデル農場を作るという壮大な目標に向け、農場の経営を伸ばすべく進んでいます。東京で会社員の夫と2人の幼い息子達と暮らし、家事・育児をこなしながら、群馬に通って農場を経営する飯

写真：飯野晃子さん

野さん。「七転び八起きよりも、七転八倒の状態ですよ」と言いつつ、農場の発展に向け着々と手を打っています。

（1）経営の概要

（株）プレマの12haの農地は、ほぼ全てが有機認証を取得した圃場であり、そのうち2haに立ち並ぶハウス62棟、10haの露地のほとんどで有機栽培の小松菜を生産しています。ほかに、漬物会社との契約で露地栽培のキュウリを作っています。小松菜はハウスで年7～8回、露地で年5～6回収穫します。有機栽培ですから、連作障害にならないように太陽熱を使った土壌消毒をしたり品種を変えたり、あるいは農地を休ませたりしています。近隣の農家は高齢化が進んでおり、農地を借りて作らないかと声がかかり、農場の面積は徐々に拡大しています。圃場の距離が遠くなければできるだけ借りるようにしていますが、有機農業の場合は慣行栽培圃場との間に緩衝帯の設置が必要になるといった条件の難しさもあるそうです。生産された小松菜のほとんどは生鮮品として販売していますが、一部は有機小松菜パウダーや、それの入った素麺、うどんなどに委託加工しています。

小松菜は首都圏の高級スーパー、有機食品を専門に扱うスーパー、大手スーパーなどに並ぶ他、生協、デパートでも販売されています。また週2回はシンガポール向けにも出荷され、シンガポールの日系デパートに並んでいます。年間売上は平成30年度で約1億5000万円でした。

（株）プレマの役員はCEOの飯野さんとCOOの後述のSさんとCFOの元銀行マンの3人です。農場では、社員7人、研修生2人、外国人研修生2人、パート従業員約40人が働いています。

（株）プレマは平成30年にグローバルＧＡＰ認証を取得しました。また、同年の「未来につながる持続可能な農業推進コンクール」において関東農政局長賞を受賞しています。

（2）飯野さんの就農の経緯

飯野さんの出身は栃木県ですが、飯野さんの父親が有機農業をやりたいと約20年前に、ちょうど空いていたこの土地で農場を作りました。飯野さんが東京の大学に通っていた時で、飯野さん自身は農場の開設にはあまり関わっていませんでした。

飯野さん自身の農業との関わりは、大学生になって始めた一人暮らしで食事が疎かになり、食と料理に目覚めた時でした。「コンビニの中華丼弁当をチンしていて虚しくなった。今まで食を通じてどんなに母から愛をもらってきていたかと思った」と言います。化学調味料での味つけに美味しいと思っていることに疑問を感じ、食材の良さを活かすようになって、食材の違いに気付きました。食材の味が、それが育った土壌、環境、どれだけ手をかけたかで違うと知ったことから、有機農業に出会いました。有機農業で地球が養えるか、有機農業は富裕層のものなのか、というテーマを勉強したくて、大学院生となってインドで調査研究を行い、有機農業の大切さをインドの農民から教わったと言います。

その後有機専門の小売店に就職し、商品開発の担当の経験を活かし、脱ＯＬ後は食育講師や健康カウンセラーの活動をしながら、飯野さんは（株）プレマの加工担当の取締役になりました。しかし、実家の事業の経営不振により、プレマの存続危機に直面します。飯野さんはせっかく広げてきた有機農場を慣行栽培農地に戻してはいけないと思い、２０１５年に父親に代わり自分が経営者になりました。現在父親は経営に全く関わっておらず、飯野さんは他の２人の役員とともに経営を行っています。

飯野さんの夫は東京で仕事をしており、幼い男の子２人と共に一家は東京で暮らしています。（株）プレマの経営者となった当時、飯野さんは農場近くにアパートを借り、平日はそこから通っていましたが、今は下の子供が産まれたばかりで授乳しなくてはならないので、日帰りで東京の自宅と農場との間を往復しています。

飯野さんの夫は仕事が忙しい中、保育園のお迎えのために残業を切り上げたり、時にはテレワークをしたりと協力的で、また、飯野さんの母親も自宅に手伝いに来てくれたりします。それでも女性は出産や子供に授乳しなくてはならないという身体的な縛りがあるのは事実で、男性とは違うと思うし、自宅近くで夫婦で農業に取り組む経営は羨ましいと感じると飯野さんは言います。

（３）現在の取り組みと課題

飯野さんが経営者になってから、（株）プレマの経営は順調に伸びてきました。経営は独学で勉強し、補助金の書類を自分で作成するなど目の前の問題を片付けつつ、経営のやり方を身に付けてきました。父親の時代から取引があった金融機関との信頼回復に時間がかかるなど、マイナスからのスタートの部分もありましたが、飯野さんの前向きな経営姿勢に新しい金融機関や政策金融公庫などが支えてくれるようになっています。

当初は売上高2億円を目標としていましたが、平成30年の大雪でハウスにかなり損害を被り、平成31年は小松菜の最盛期に冬の大寒波で収穫が落ち、2年連続で計画していたように経営を伸ばすことができませんでした。それを踏まえ、まずは農場の体力をつけることに力を向けたいと飯野さんは考えています。

その1つは、農場を支える人材の育成です。飯野さんは、経験のある人材が必要と思い、取引のあった食品企業のベテラン社員Sさんに役員として来てもらいました。Sさんは、加工と営業の経験があり、さらに農場全体の管理を担当してもらっています。弁護士、税理士、社会保険労務士など外部の専門家にも助けてもらっています。

また、若い社員や社員候補の研修生の育成にも取り組んでいます。（株）プレマの将来を支える社員として、生産技術のみならず、有機農業の考え方そのものに共感する人材を育てたいと思っていますが、そこが納得できずに辞めてしまう社員もいるそうです。ベトナムからの研修生には、将来帰国した時に有機農業を広めてもらいたいと思っています。同様に、パートのスタッフにも、農場の課題の改善という意識を持って働いてほしいと考え、年2回の面接をして雇用契約を結ぶことにしています。

栽培技術は種苗会社の技術者に来てもらって助言を得ています。また、農場長が農場に合った品種・栽培方法を試験し、開発しています。飯野さんは、農場で働く人による勉強会などもやりたいと思っていますが、現時点ではそのような時間が取れず、職員へのインプットが不十分だと感じています。

販路は、もとからの売り先に加え、Sさんとともに新たに販路の確保に取り組んでいます。父親の時代に低い価格設定で取引していたものの見直しも進めています。シンガポールへの輸出にも挑戦し、毎週少量ですが出荷を続けています。

農場の経営の様々な場面で、色々な問題が毎日発生します。それを皆で一緒に戦いながら解決していきたい、と飯野さんは前向きです。平成30年にはグローバルGAPを取得し、「未来につながる持続可能な農業推進コンクール」において受賞しました。このような成果を農場で働く全員で共有しながら前に進んでいきたいと言います。

(4) 考え方と今後の展望

現時点ではベースを東京に置きながらも、飯野さんは四六時中(株)プレマのことを考えています。この仕事が好きという飯野さんは、農場の経営がうまく回っていないときがあっても、「できない」と考えるよりは前向きにやるしかないと言います。農業をこれからやろうとする若者へのメッセージは、「『失敗したらどうしよう』と思っていたら農業はできない」でした。また、仕事も家庭も様々な人のサポートがあるからこそ回せている中、逆に自分しかやれないことを見つけようとし、例えば、東京都内の小売店を消費者目線で見て回ることで、経営にその視点を活かしています。

お子さん2人が幼いなか、保育園への迎えの時間の制約など子育てのために、仕事をもっとやりたくても十分にやれないことへのもどかしさはあります。そもそも農業という男性が中心の社会の中で、男だったら良かったと思う場面にも多々遭遇するそうです。一方で、新規の取引先の開拓においては、女性が経営の先頭でがんばっているというイメージが取引にはプラスになるなど周囲からは女性経営者であることは強みだと励まされることも多いため、最近は、自分自身も女性だから男性だからという意識は持たなくなっているそうです。

オーガニックを広めるというのが飯野さんの目的ですが、現実は思うようになかなか行かず、歯がゆい思いも強いです。有機農業はコストがかかるので、資材などがなるべく農場内で賄えるように、農場内でサイクルを回せるようにしたいと考えています。日本の有機農業は、耕畜連携を基本に農場内で循環を基本とする欧米諸国に対して、循環サイクルができていないことがほとんどです。海外の有機農業では一般的な、有機農業を戦略的に行い管理の過程で価値を高めることが日本では難しく、結果として外部からの購入資材などを使わざるを得ず、コスト高になってしまいます。飯野さんとしては（株）プレマの規模が小さい中、近隣地域全体で協力した循環型農業ができればと考えていますが、近隣地域内に有機農業に賛同する人はほとんどおらず、日本での地域内循環は難しいのが現状です。それでも、あきらめずに近くの畜産農家と相談を続けるなど循環型農業の取り組みも進めています。

飯野さんは、「わたしたちが今実践している有機農業はまだまだスタート地点。有機農業の追求は永遠だけれど、次世代に引き渡すまでに少しでも進化させていきたい」と、（株）プレマを有機の会社としてより発展させ、アジアのモデル農場にしたいという壮大な夢を持っています。学生時代に調査で過ごしたインドで有機農業の大切さを農民から教わったという飯野さん、持続的な農業を通じて世界の経済を発展させることに貢献したいとの熱い思いを、その冷静な経営感覚で叶えようとしています。

3　二人の女性経営者の事例から

本章で紹介した二人は、若い世代の女性農業法人経営者という珍しい事例です。しかも、平山さんは外部からの新規参入ですし、飯野さんも、実家が農家ではなく、父親が中年になってから新たな事業として興した農場を継承し、経営を作り直してきました。同時に、小さいお子さんの子育てと両立させながらの農業経営という点も共通しています。

経営の基盤となる農業生産面は、農業生産技術についてのバックグラウンドがないながら、専門家の指導を仰ぎつつ細やかに気を配り、生産の量や質を確保していました。販売は独自に開拓し、経営者が女性だということが販売促進で有利に働く面もありました。

自らが経営主で、家族が農業経営に関与せず、さらに農外からの新規参入ということに対し、二人とも経営について相談できる人の確保、人材の確保に力を入れています。力仕事を基本とした農作業で女性は不利と言われますが、雇用を伴う法人経営であるため、経営主は農作業の負担が軽減され、販売促進や人材育成・労務管理に力を入れることができていると感じました。子育てとの両立は大変ですが、これも雇用を伴う経営だからこそ両立できているとも言えます。

飯野さんは男だったら良かったと思う場面に多々遭遇してきたそうですが、２人とも自分で勉強しながら経営を実践する過程で、経営主が女性であることの不利さを克服し、販売面などではむしろ有利に働いていました。今後に向けて経営をどのように発展させそのために必要な人材をどう確保し育てるか、そして子育てとどう両立させていくかを、様々に試行している最中でした。

第2章　農業のサポーターを育てたい：田舎のヒロインズのふたり

全国の女性農家が集まるＮＰＯ法人「田舎のヒロインズ」。その前身である「田舎のヒロインわくわくネットワーク」は、１９９４年3月にゆるやかなネットワークとして結成されました。農を営む女性たちが中心となって結成を呼びかけ、現在は女性農業者に加えて、男性も含めてそれを応援する社会人や学生にも広がり、全国に約１６０人の会員がいます。農を営む女性が、自ら考え、行動し、社会に訴えかけていくという意識を持ち、田舎のあり方、農を営む女性の生き方を模索し、提案・提言していくための様々な活動をしています。２０１４年3月から団体名を「田舎のヒロインズ」にし、体制を刷新して役員を40歳以下の現役若手女性農業者にしました。

ここで紹介する吉村みゆきさん、谷江美さんは、ともに「田舎のヒロインズ」の若き理事です。２人とも夫とともに農業法人を経営しつつ、自らの経営を超えて地域の農業や関係人口まで含めた視点で活動する姿は、自ら考え、行動し、社会に訴えるという田舎のヒロインズの会員の女性農業者に受け継がれてきたものであり、また、農業を積極的に選ぶ若い女性の目指す姿だと思います。

1　吉村みゆきさん　福井県あわら市　株式会社フィールドワークス

吉村みゆきさんは、福井県あわら市の海に近くに広がる20haの農地で、夫の智和さんと「とみつ金時」というブランド名の特産のサツマイモを主体に生産しています。小高い丘の上に立つ吉村さんの家からは、畑の向こうに海が広がる素晴らしい景色が眺められます。農業を、農村景観を、それを支える農村コミュニティを維持し次の世代に引き継ぐために何をすれば良いのか、そのために最近、宿泊設備やオープンキッチンのついたコミュニティスペースを自分の農場に作りました。そこを基点に、自分の4人の子供達、農場の若者、地域の若い農業者、さらには関係人口を育てようとしています。

写真：吉村みゆきさん

(1)　経営の概要

智和さんは、祖父が開拓地であったこの地で農業を始めた3代目です。東日本大震災の年に父親が営んでいた「吉村農園」から独立し、その年に法人化しました。父親の代にはとみつ金時の他にスイカやメロンを生産していましたが、手間がかかるスイカ、メロンはやめ、とみつ金時を中心とする経営に変えてきています。

経営面積は現在約20 haでそのうちとみつ金時が12 ha。他にカボチャ3 ha、干し大根用の大根1 haなどを作っています。地域の農家数が減るにつれて、経営面積は拡大しています。

年間売上高は約1億円。とみつ金時は6割が福井県の卸に3割は県外に、残りは直売をしています。干し大根は県内の卸、カボチャは大阪の業者との契約栽培をしています。また、加工品として、サツマイモやカボチャのペーストを生産し、500～600万円の売り上げとなっています。

(株)フィールドワークスで働くのは、役員の吉村さん夫婦に加え、常勤で8人、うち4～5人は4～5ヶ月間雇用しています。他にインドネシアからの実習生が3～4人。また、収穫や植え付けの農繁期に5～6人を雇用しています。

(2) 吉村さんの就農の経緯

吉村さんの実家は、岐阜県で椎茸を作る専業農家です。吉村さんは、6人の兄弟がいる大家族で育ち、子供の頃は親の手伝いをたくさんしたそうです。吉村さんの母親は非農家出身であり、農業と大家族の世話とで忙しい日々でしたが、いつも楽しげに農業をしていました。土日に休みはなくても、家族で大型の休みをとるような生活で、吉村さんは農業には自由があると感じていました。将来は「自営業の人と結婚して一緒に働きたい」と思っていたそうです。「田舎のヒロインズ」は会員だった母親を通じて知りました。結婚して移り住んだ福井県あわら市は、「田舎のヒロインわくわくネットワーク」を立ち上げた山崎洋子さんの農場に近く、自然と活動に参加していました。

吉村さんは、短大で食物栄養学を専攻し、そこで農業は食品の基礎だと感じ、農業をやりたいと思うようになりました。農作業は子供の頃から身についていて好きでした。短大卒業後に海外農業研修制度でスイスに行き、環境保全に取り組みつつ自給自足的な暮らしをする家族農業経営を体験しました。智和さんは、同じ年に海外農業研修制度で米国に行き、大規模な農業経営を体験してきました。この海外研修制度がきっかけで吉村さんは智和さんと出会い、現在は４人の子供を育てつつ、夫婦で農場を営んでいます。

（3）吉村さんと農業経営

経営の大部分は智和さんがこなしていますが、「私も経営によく口を出す」と吉村さんは言います。一番下の子供が小学校に入ってから、吉村さんは農業経営にさらに関わるようになりました。智和さんが経営で多忙な中、吉村さんは畑にも智和さん以上に出ています。農家がどんどん減り、残った農家が規模拡大をしていかなくてはならない現状やそのリスク、人手不足が深刻化する中での人材確保・育成の問題、鳥獣害の拡大といった農業をめぐる環境の変化の中で、どうやって農業や農業の持つ様々な魅力を守れるか、夫婦で話し合い、様々に試行してきました。

この地域の集落の農地は約30ha、それを開拓地の第一世代である祖父の時代には30軒の農家で使っていたのが、父の代には15軒になり、今、その中で３代目がいるのは吉村家を含めて５軒しかいません。この５人の後継者で地域を支えていこうと、智和さんは集落内の同じ3世代目5人と、「エコフィールドとみつ」という組合を作り、平成23年には共同のキュアリング貯蔵施設を作りました。

それでも、今やフィールドワークスだけで20haの農地を管理するようになり、規模拡大に伴う人材確保も難しい状況です。親の世代は、畑を空けることなくできるだけ多く生産しようとしていましたが、今は畑の一部は休耕地にし、緑肥を作ってすき込んでいます。また、鳥獣害対策と休耕地の有効活用と廃棄されるサツマイモの有効活用を目論んで豚を飼い始めたこともありました。残念ながら豚コレラの発生で、この一石三鳥、四鳥もあるプロジェクトは頓挫してしまいましたが。

フィールドワークスでは加工にも取り組んでおり、カボチャとサツマイモのペーストを作り、加工品の卸業者に売っています。営業を担当する吉村さんは、お菓子のような最終加工品はその専門の業者に任せるべきだと思い、もっぱら業務用の加工品を出しています。販路や価格設定など試行錯誤しましたが、ここ数年は取引も安定してきています。

「自分は何でも屋です」という吉村さんは、新しい社員の採用や社員を育てることにも気を配っています。農場の拡大に伴い、常勤の社員は増えてきていますが、彼らがパート従業者ではなく現場を取り仕切る社員という意識を持つようになってもらいたいと思っています。一方、20代、30代の若い社員を農の雇用事業を活用して雇っていますが、今後、彼らが30、40代になった時に、農場として利益をあげることで他の企業並みに賃金を払えるようにしなくてはと思っています。

吉村さんは、「農業において男性・女性での違いは感じない。違うとしたら妊娠、出産があることくらいかな」と言います。60歳を越える年代の農村の女性は「女性が経営に口出しするものではない」と言われてきて、責任を持った立場としての発言が苦手だし、人前に出たときに自分の意見をあまり言いません。しかし、吉村さんや、彼女の周辺の同世代の女性農業者は、夫と沢山話し合い、お互いの異なる価値観を持ち寄ることで、新しい時代の農業経営を育てているようです。

1つの農場の中で、作る所から売るまで色々なことができる農業は、この上なくクリエイティブで豊かな職業だと吉村さんは言います。自分たちが夢のある農業を誇りを持って実践し、農業の魅力を発信していくことで、自分の子供たちや農業を志す人たちの育成に繋がればと願っています。

(4) 将来に向けて：農業・農村に関わる人を増やす

農業者の減少と高齢化は、後継者がいる農家が集落に5軒しかおらず、集落の農地の3分の2はフィールドワークスが管理している、という現状を引き起こしています。でも、自分達だけでこの地域の農業を全てすることはできないと、フィールドワークスでは現在園芸カレッジの実習生一人の里親になっています。こうした研修生のたとえ一人でも農業を続けていってくれればと願っています。農業者も減っているのと同時に、農村集落自体も縮小しています。吉村さんの住む集落には、昔は35軒の家がありましたが、25軒に減り、うち専業農家は6軒になり残りは勤めに出ています。吉村さんは畑の向こうに海の見える景観が好きで、この景観を次世代に継承したいと思っていますが、そのためには景観を構成してきた農業や農村コミュニティが継続していかなくてはなりません。農業・農村・景観を継承するために必要な絶対的な人数が少ないと危機感を抱く吉村さんは、色々な活動を通じて農村コミュニティ全体を巻き込んで活性化し、さらにここに住まない、いわゆる関係人口まで広げて増やしていきたいと思っています。

このように農村への強い思いを抱く吉村さんは、経営に関わり畑に出る忙しい日々の合間に、7年にわたりオープンファームを開催してきました。農場を一般の人に開放し、農場でできた食材などを使い工夫を凝らした料理を提供することで、農業を知ってもらい、都市と農村を繋ごうとしたのです。この取組を通じて農場への固定のファンも生まれ、他の女性農業者から食材の提供を受けるなど女性農業者同士の繋がりもできましたが、吉村さんは7年間続けてきたオープンファームを一旦辞めることにしました。自分が100%準備して農業を知ってもらう形をやめ、これからはもっと参加者と一緒に料理や体験などをやるような形にしたいそうです。

そのために、最近、農場に新しい農機具格納庫を建てた際に、隣接して多目的コミュニティスペースを作りました。1階はオープンキッチンのある交流スペース、2階のロフトには何人か泊まることができ、ペレットストーブが全体を温める素敵な空間です。このスペースを使って、様々な人が集い、様々な活動を通じて交流を重ねる。新しい都市と農村の交流を通じた農村の活性化が吉村さんの目標です。

2　谷江美さん　北海道士別市「(株)イナゾーファーム」

谷さんも田舎のヒロインズの若き理事の1人です。夫の寿彰さんと北海道士別市の14haの農地を使い、14棟のハウスで有機栽培の高糖度トマトとそれを使ったトマトジュースを作る他、もち米、カボチャ、大豆、小豆などを生産しています。イナゾーファームという名前は、寿彰さんの大学の先輩でもある新渡戸稲造から。新渡戸稲造のように「架け橋になる」という含意があるそうです。令和元年6月に法人化したばかりです。寿彰さんの祖母、両親、谷さん夫婦と小学生1年生を筆頭に4人の小さなお子さんという大家族ですが、各世代の距離を保ちつつ一緒に住める考えられた構造の家になっており、その中を幼いお子さん達が走り回っていました。都市出身の江美さんは寿彰さんと経営を行いつつ、都市と農村、今の世代と次の世代をつなぐ「架け橋」になろうとしています。

写真：谷江美さんと夫の寿彰さん

（1）経営の概要

イナゾーファームは北海道士別市の水田地帯にあります。３代前からの農家で、14haの農地でもち米、カボチャ、大豆、小豆などを生産していますが、寿彰さんが経営を継いだ後、ハウスで有機栽培の高糖度フルーツミディトマトの生産を始めました。現在、14棟62ａ分のハウスで生産し、さらにそれを使ったトマトジュースを農場で加工しています。

労働力は夫婦とパートの従業員が15人に加え、寿彰さんの両親がサポートしてくれています。

もち米やカボチャなどはＪＡに出荷し、トマトとトマトジュースは全て直販しています。年間の売上額は約４２００万円となっています。イナゾーファームのトマトやトマトジュースは非常に高品質で美味しく、ＪＡＬのファーストクラスの食材に使われたこともあります。トマトは高級スーパーに、年に約４０００本作るトマトジュースは主に個人向けに直売しています。トマトジュースは７００ｇの瓶１本が２１６０円、１４５ｇのパウチ入りは４個セットで２５６５円となっています。一口飲んだだけで、トマトの美味しさと甘さが体にずしりとくるような美味しいジュースです。令和元年にはシンガポールと香港にトマトを試験的に輸出し

写真：パウチ入りトマトジュース

たところです。

（2）谷さんの就農の経緯

谷さんは東京で農業とは無縁の環境で育ちました。東京の大学に入学した際、たまたま受講した「農山村体験学習」で山形県のブドウ農家で2泊3日の農作業実習をしたのが、農業との出会いでした。田舎のヒロインズの文集である「耕す女」(6)の中で谷さんは、「私にとって、農作業体験は「非日常」だけど、農家の人にとっては「日常」である。野菜をスーパーで買って食事をつくる都会の「日常」と畑を耕して野菜をつくる農村の「日常」は、バラバラではなく繋がって、支え合っている。……（略）……「農業」という分野における分断された両者、「都市と農村をつなぐ」ことをライフワークにすることをこの時決めたのだ。」と書いています。

その後、北海道でのワークキャンプで、キャンプのリーダーをしていた寿彰さんと出会い、6年後に結婚。また、大学で開催された田舎のヒロインズの前身である田舎のヒロインわくわくネットワークの全国集会に参加し

写真：田舎のヒロインズの「耕す女」

（6）ＮＰＯ法人田舎のヒロインズ（2019）「耕す女」株式会社インプレスＲ＆Ｄ

たことが、田舎のヒロインズでの活動のきっかけとなりました。

(3) 経営への関わり方と取り組み

イナゾーファームでは生産やトマトジュースへの加工は寿彰さんの担当で、谷さんは農業生産には関わらないものの、トマトの選果や、トマトやトマトジュースの販売促進、出荷の管理、パートさんの労務管理を担当しています。

この2年間、イナゾーファームのトマトをめぐる状況は良くありませんでした。平成30年は、北海道胆振東部地震のため数日間ではあるものの出荷最盛期に出荷できませんでした。令和元年は夏の高温でトマトができすぎて市場価格が暴落した結果、市場価格で取引していないもののブランドトマトとしての相対的な価格にも影響を及ぼした上に、9月の冷え込みでトマトの体力が落ちて秋の収量が落ちてしまいました。それでも自社で生産から販売まで一貫して行う強みを活かし、販売先とのコミュニケーションを密にとるなど、生産と販売の両輪で毎年売上を増やしてきています。

令和2年は新たな作目として有機のアスパラガス生産を始めるほか、生協との取引を始める予定となっているなど、色々な手を打ち、ハウス2棟の増設と新たな農地取得による面積の拡大を予定しています。イナゾーファームの主力産品である高糖度フルーツミディトマトは、トマトジュースまで加工し販売することで利益を出しています。このようにイナゾーファームにとって加工は重要なので、谷さんは新しい商品開発に向け、まずは有機であることと美味しさを売りにベビーフードを作ろうと、加工用機械を導入したり、北京でのベビーフードの見本市に行ったりしました。しかし、有機のベビーフードについては他の人も同じマーケットを考え始めたようで、同時期に参入が一斉に進んでいるそうです。そこで現在、谷さんが第一弾として商品化したのがパウチ入りのトマトジュースです。１４５ｇのパウチ入りは、飲み切れる大きさで、持ち運びもしやすいです。パウチ化により乳幼児向けの商品としても打ち出しやすくなり、ターゲットを明確にしたために販売促進がやりやすくなったと言います。

いつもは収穫期の夏には農場から離れない谷さんですが、令和元年の夏には、農業インターンシップとして受け入れていた早稲田大学の学生に販売の場を経験してもらうことを兼ねて、東京のマルシェに出店しました。そこでもパウチ入りジュースは好評でした。日頃トマトジュースを買ってくれる顧客とのコミュニケーションもできて、思いきって出てきて良かったと谷さんは思ったそうです。令和2年は新たな顧客の開拓を目的に、トマトの最盛期前のタイミングで出店することを検討しています。

小さいお子さん達を育てつつ、谷さんはこのような販売に関する様々な仕事、パート従業員に関わる仕事をしています。個人の顧客に季節ごとに送られるイナゾーファーム通信、商品を紹介するパンフレットはとてもおしゃれで、大学卒業後は民間会社の広報を担当していたという谷さんのセンスが溢れています。寿彰さん担当の有機認証に関わる書類作成などもあり、ファームに関わる仕事は幅が広く大変です。令和2年は初めて正社員を採用しようと、現在採用活動をしています。

（4）次の世代に向けて、都市と農村をつなぐ

谷さんの4人のお子さんは、今は地元の保育園に通っています。冬の間も体を動かせるような大きなスペースのついた、都市の保育園とは違う広々とした保育園です。谷さんは、今は保育園に助けられていますが、2年後に一番上のお子さんが小学校に入ると、お子さんの帰宅時間やＰＴＡでの役職など大変になるだろうと思っています。寿彰さんはよく家事をやってくれますが、夫婦ともとても忙しい中、子供達が小学校の時期は、家族で過ごしたりお子さんと一緒に勉強したりと、今よりも時間のとれる余裕のある暮らしをしたいと思っています。

このように多忙な日々ですが、谷さんはできるだけ大学生の研修生を受け入れています。令和元年の夏に来た早稲田大学の4人の研修生は、イナゾーファームでの収穫体験の後、東京のマルシェで一緒にトマトの販売もしました。学生時代に農業体験をしたことがきっかけで今は北海道で農業をする谷さんは、「学生の時に会った農業者をすごく大人に感じたけれど、その年代に自分もなったので」と次の世代に伝えていかなくてはと思っています。東京出身の谷さんから見て、今の学生は農村での体験機会がありません。食べ物、農業、農村を知らない彼らに、できるだけ早いうちにそれを見せることが重要だと思っています。学生たちが来るのは農場にとってはとても忙しい時期です。彼らは体験に来ているのであって、作業を手伝いに来ているわけではないので、受け入れることが必ずしも農場の労働力として助かるわけではありません。しかし、「都市と農村をつなぐ」ことをライフワークにする谷さんは、次の世代を育てるための使命だと思い、機会があれば断らないようにしています。

イナゾーファームの地域の農業をどう繋いでいくかも、大きなテーマです。現在集落には12軒の農家がありま

すが、そのうち後継者がいるのはイナゾーファームを含めて2軒だけです。地域の農業自体は、今は既存の農家が面積の拡大によって所得を伸ばそうとしており、耕作放棄地も無く一見問題無さそうですが、次の世代になった時にどうなるのかと谷さんは危機感を持っています。農業で食べていけないと後継者が来ないのであれば、この地で農業を通じてお金を生み出すことに注力したいと谷さんは言います。次の世代が農村でチャレンジする余地を残すためにも、自分達の経営をきちんと軌道に乗せなくてはと考えています。

3 「耕す女」から見る先進的な女性農業者の世代の移り変わり

NPO法人「田舎のヒロインズ」は、最近「耕す女」という本を発行しました。現在の理事など若い女性農業者達が書いた第1章、田舎のヒロインズの多分野からのサポーター達が書いた第2章、「田舎のヒロインわくわくネットワーク」を作り育ててきた60代、70代の女性農業者達による第3章という構成です。

本章で紹介した吉村さんも谷さんも、この本の第1章に寄稿しています。

「耕す女」の第3章に登場する女性農業者達は、先駆者として農業を通じた自己実現を図り、農業の魅力を発信してきた女性達です。これまでのやり方で変えるべきだと思ったところは変えつつ、農業や食を含めた農村での生活、農村の自然・景観を守り次世代に伝えようというメッセージに溢れています。以前の農業や農村女性に対する負のイメージを払拭する、自信に満ちた生き生きとした文章が印象的です。

それに対し、第1章に登場する世代の女性達は、その娘世代とも言えます。多くの選択肢の中から農業を選んだ女性達であり、先駆者達の築いた農業の良いイメージや女性の活躍の機会の拡大の中で、農業の持つ様々な可能性をそれぞれに発展させようとしています。吉村さんや谷さんの事例にもあるように、農業を通じて取り組む内容も生産のみならず、販売や加工の手法、さらには地元地域の枠を超えた食育や環境保全などもっと多様で、現代の感性に溢れています。先駆者の世代を引き継いだ彼女達が次の世代に農業のどのような魅力を伝えていくか、「耕す女」はそのような期待を抱かせる本です。

第3章　大規模経営の共同経営者：次世代の農業と地域を見据える

最後の2人の女性は、大規模な農業法人の共同経営者です。地域を代表する農業法人の共同経営者として経営を発展させてきた女性達です。奇しくも2人ともお子さんは男の子ばかり。一番下のお子さんが小学生となり子育ての大変さからはそろそろ卒業できそうです。むしろ息子達や次の世代の農業者達に地域の農業を託すための手を打っている段階です。

1　大塚早苗さん　北海道新篠津村「(有)大塚ファーム」

札幌から北に1時間ほどの北海道新篠津村の水田地帯で（有）大塚ファームはハウスのミニトマト生産を中心に露地やハウスで有機農産物を約22品目生産し、これを直接販売する他、加工も行っています。経営主の大塚裕樹さんは、この農場の4代目であり、就農後に自らの農薬アレルギーをきっかけに有機農業に取り組み始めました。手間のかかる多品目の有機栽培を独自の工夫を重ねて効率的に行い、しかも美味しい農産物を作り、売り先も量販店を中心に多様な販路に向けて直売するなど、積極的な手法で経営を伸ばしてきたことで知られています。

この（有）大塚ファームを夫の裕樹さんと経営する大塚早苗さんは、札幌出身で農業とは関係の無い環境で育ちましたが、大塚ファームの加工や広報を担当し、ファームのブランディングを引っ張ってきました。「自分は農業と他との通訳をしている」と快活に語る大塚さん。「農業の未来をつくる女性活躍経営体100選」（WAP100）に平成28年度に選ばれるなど、先進的な女性農業者として知られています。その目は、農場を引き継ぐであろう3人の息子達に、さらに北海道の農業法人協会の副会長として、次世代の農業を支える若者達の育成に向けられています。

（1）経営の概要

（有）大塚ファームでは経営面積18 haのうち半分を使って水稲を生産していますが、経営の主力は有機栽培の野菜で、特に43棟あるハウスの過半を占める有機栽培のミニトマトです。有機栽培の農産物については、全て有

写真：大塚早苗さん、裕樹さんと３人の息子さん達

機認証を取得しています。ハウスの中にはミニトマトのコンパニオンプランツとして、バジル、空芯菜、パクチーなどが作られています。露地では、干し芋の原料となるサツマイモやダイコン、ニンジン、カボチャ、葉物野菜などが生産されています。（有）大塚ファームは、その農産物を使った加工品も有名で、農場で有機干し芋を生産している他、有機野菜スープ、ドレッシング、有機野菜使用のペットフードなどを委託加工しています。農場の年間販売額は約1億4000万円で、販売額のうちミニトマトが4000万円、農産物の加工品が3000〜4000万円を占めています。ハウスを増やすことで販売額は毎年1000万円ずつ伸びているそうで、来年もハウスを5棟増やす予定だとのことでした。

（有）大塚ファームでは、大塚さん夫妻の他、副農場長も含めて社員4名、パートが11名、外国人研修生6人が働いています。従業員のうち何人かは独立就農していますが、現在の従業員の中には将来の独立希望者はいないそうです。外国人研修生については、中国人4人の他、タイ・チェンマイのメイジョー大学からの留学生2名を毎年受け入れています。

（有）大塚ファームは、平成26年に第43回日本農業賞の個人経営の部で大賞を受賞、平成26年の第53回農林水産祭（天皇杯）においては日本農林漁業振興会会長賞及び輝く女性特別賞を受賞するなど、これまで数々の賞を受賞しています。

（2）大塚早苗さんの就農の経緯

札幌市出身で農業とは関係の無い都市の環境で育ち、就職をしていた大塚さんの農業と出会いは、田舎暮らしに憧れていた大塚さんが新篠津村の婚活イベントに参加したことでした。大塚ファームはイベントでの農業体験を受け入れており、そこで裕樹さんと出会いました。大塚さんは、「農村の嫁」の暗いイメージは持っておらず、むしろ、裕樹さんが冬の間に2週間アメリカに旅行すると聞き、自分も旅行が好きだしいいな、と思ったそうです。

裕樹さんは稲作からミニトマトへ、さらに有機栽培でのミニトマトへと経営の転換を図り、さらに冬場の仕事作りを通じた従業員の定着のために加工事業を始めようと考えていました。大塚さんは結婚後、1年おきに3人の子供が産まれたので、6年間ほどは子育てに専念していましたが、やがて加工品を売り込むための商談会等に大塚さんが行くようになり、加工や販売を担当するようになりました。大塚さんは、それまでの仕事の経験からパソコンを使うのが得意でしたし、人に会うことや外に出ることが大好きという快活な性格も味方しました。大塚ファームが加工品を増やし、さらにはファーム自体をブランドとして販売を伸ばしてきた背景には、大塚さんの発信力が大きかったと思います。大塚さんによれば、新しい企画や商品のアイディアを言い出すのは裕樹さんですが、実行するのは大塚さん。例えばメールの返信を速やかに行うことで、契約も取れやすくなるのだそうです。平成23年からは大塚さんが店長となって大手ネットショップを活用したネット販売も始めています。

（3）経営における役割分担、大塚さんの経営に対する考え方

大塚さんはハウスに入っての作業はしません。取引先とのやりとりや、出荷の指示を担当しています。大塚さんは自分の役割を「通訳」だと言います。農業側の人の話を取引先に上手につなぎ、交渉するという意味での通訳です。また、大塚ファームの従業員は全員生産部門で働いている中、事務作業と営業は大塚さん夫婦でこなしています。経営が拡大し加工品も拡大する中で事務作業は増大していますが、税理士や社会保険労務士に手伝ってもらいつつ何とかこなせている状態だそうです。

大塚さん夫婦は、農場の売り上げ目標を2億円に設定しており、それに向けて毎年1000万円ずつ増やしてきています。売上高の伸びを支えているのはミニトマトですが、様々な加工品の商品開発も行っています。加工品については乾燥や、ペーストにするといった一次加工まではファームで行い、その後はメーカーに委託加工してもらいます。従業員の冬場の就業確保のために製造している干し芋は、干し芋の少ない北海道でのヒット商品となっています。販路を決め、売り場を確保してから加工品を作るようにしており、例えばドレッシングは、すでに売り場が確保されている青果物のコーナーに一緒に置いてもらえるからと裕樹さんが言い出したものだそうです。ペットフードについては、農場から野菜を送り、障害者施設で製造してもらっています。どの加工品も包装などがおしゃれで、また農場についてもSNSを通じて発信され、北海道、有機栽培、そして明るい家族像そのものが大塚ファームというブランド価値を生み出しています。

大塚さんは、北海道農業法人協会の副会長を務めており、現在2期目です。元々裕樹さんが理事を務めていま

したが、４年前から大塚さんが夫に代わって理事になり、副会長になりました。北海道は女性の活躍推進を進める地域であり理事の人達も応援してくれるそうです。大塚さんは、令和元年12月４日に開催された第２回北海道次世代農業サミットの実行委員長となり、北海道の次世代の農業の担い手達が一堂に会する大きなイベントを成功させた所です。

とても華々しく活躍しているように見える大塚さんですが、「男性と女性は目指すものが異なり、男性は自分の成果を求め、女性は人のためになることをやろうする傾向があるのではないか」と言います。そういう大塚さんにとって、農水省が女性農業者の育成のために行っている女性農業次世代リーダー育成塾と女性農業コミュニティリーダー塾に参加したことは、一つの契機となりました。全国で活躍している女性農業者達と勉強しつつ、自ら踏み出すことを学んだと言います。それまで「女性にはできない、無理だ」と思っていたことが、女性ができないのではなく、女性に機会が与えられていなかったからだったと分かり、自分もやっても良いのだと前向きに思うことができたそうです。大塚さんは、女性の誰かが前に出て行かないといけないのであり、それを自分達の世代から始めていきたいと言います。

（４）次の世代を育てる

平成27年から使われている大塚ファームのロゴマークは、大塚家の３人の息子達をデザインしたものです。これまで１００年続いた大塚家の農業をさらに息子達を通じて次の１００年に繋ぐという思いが詰まっています。

大塚さんの3人の息子の育て方は、インターンシップなどにより農場にいろいろな人を受け入れる中で、農業や農場について息子達が客観的に評価してくれれば良い、というものです。子供が親の経営を継承することについては、子供が継承したくなるような経営をすることが重要なのであり、親が子供に「農業はダメだ」などと言うのは論外とのことでした。また、息子達が農業の手伝いをした時には、お小遣いをあげるとか旅行に連れて行くとか見返りがあるようにしているそうです。大塚家の長男は農業高校に通っており、令和元年度の農業クラブの全国大会で最優秀に選ばれました。

自分の経営の継承だけでなく、大塚さんは農業の次の世代を育てようと、様々に取り組んでいます。

例えば、自らも参加し農業を始めるきっかけとなった地元の婚活ツアーについて、参加する男性への事前の講義をします。大塚ファームのある集落には230軒の農家があ

はじまって100年。そして200年へ。

OTSUKA ORGANIC FARM
DREAM PROJECT

写真：3人の息子さん達をイメージした大塚ファームのロゴマーク

ります が、後継者が50歳前後で結婚していないという農家がかなりあります。彼らが結婚できない理由は、自分達がやっている農業という仕事に誇りを持たず、夢を持って語ることをしないからだ、と大塚さん。「長男だから仕方なく農業をしている」などと自分を卑下し、プロフィールの趣味欄にはゲーム、競馬、パチンコ、では若い女性が魅力を感じるわけがありません。農業後継者の若者達を集めて、自分や家族の良い所、農業の良い所、村の良いところを引き出すようなワークショップを行ったら、婚活イベントでパートナーと出会うケースがずっと増えたそうです。

大塚さんが道立農業大学校で講義をした時は、農業後継者の若者達に、10年後の年表を作らせ、彼らが既存の経営に入って経営をどのように展開させていくかを考えさせたりもしました。

大塚さんは、農場の経営については2億円を売り上げるまで伸ばし、65歳になったら農業経営の一線を引き、自分自身は農業法人協会などの活動を通じ農業界全体の役に立つこと、特に若手の育成に貢献したいそうです。大塚さんから見て、農業界はこれまで農業者を経営者として教育することや、農業者としての誇りある息子を育てることが不十分でした。他の人のために陰で頑張ることに喜びを感じる女性が次世代の育成においてもっと前に出ることで、農業での人材確保ができるはずだと、さらにパワーアップして取り組みを進めるつもりです。

2　鈴木恵さん　大分県豊後大野市「(有) お花屋さんぶんご清川」

大分県にすごい女性農業経営者がいる、と紹介してもらった鈴木恵さん。でもネットで検索しても、鈴木さんが女性農業者として出てくることはほとんどありません。農場名で検索すれば、鈴木さんの父親であり、これまで天皇杯2度の受賞歴を持つ小久保恭一さんの名前がまず出ます。しかし、鈴木恵さんが経営を支えている、と農場を知る関係者は口を揃えて言います。「父の時代と私の時代とは違う」と父親の作りあげた経営を地元に根付かせ、次世代に繋ぐために日々を積み重ね、時代に即して手を加えていく。そんな壮大な物語を、鈴木さんは優しいおっとりとした口調で語ってくれました。

(1) 経営の概要

(有) お花屋さんぶんご清川は、鈴木さんの父親の小久保

写真：鈴木恵さん

恭一さんが、大分県の誘致を受けて、もとの農場のあった愛知県渥美半島から移住し、新たに作った農場です。渥美半島の農場は長男に任せ、新しい菊の産地を作るために平成16年に移ってきました。６haの広大な敷地に50ａのハウス６棟、30ａのハウス１棟、10ａのハウス３棟が立ち並び、輪ギクとスプレー菊を周年で生産する巨大な農場です。農場では、日本人の研修生、カンボジアやフィリピンからの実習生６人を含めて27人が働いています。

また、小久保さんは、渥美半島で菊を生産している間に、ＪＡから独立して葬儀用輪ぎくを主とする出荷組合、現在の（有）お花屋さんを立ち上げており、その代表でもあります。今では（有）お花屋さんは愛知県、大分県、長崎県の33軒の生産農家で構成され、年商20億円と国内の輪ギク市場の10％程度を占める花の分野での国内最大手の農業法人となっています。

小久保さんは、大分の農場を発展させるとともに、独立就農を希望する研修生を受け入れ育ててきました。その何人かはすでに近隣で独立し、（有）お花屋さんグループとして出荷額の拡大に貢献しています。今、小久保さんの目は、次の産地化の場所としての大分県大分市へ、さらには外国人研修生の受け入れやＪＩＣＡの事業の受託を通じて海外の産地化や海外とのグループ化に向けられています。

（2）鈴木恵さんの就農の経緯

小久保さんの次女である鈴木さんは、愛知県の高校を卒業して、地元の農業資材の会社に就職し、そこで現在の夫と知り合い結婚、退職しました。平成10年末、長男が生後7ヶ月のときに小久保さんが出荷組合「お花屋さん」を立ち上げ、鈴木さんは軽い気持ちでこれを手伝い始めました。以後、20年余にわたり、ずっと販売事務の仕事を一手に担っています。「お花屋さん」の構成農家は発足時の13軒から32軒に拡大し取扱額も増大する中、当初は一人で、18年からパートの職員が入り三人体制で、鈴木さんは出荷と売上の管理から、研修会の手配や女性部の旅行の手配といった細かい事務まで行います。「今はネットが発達したから、田舎にいても経営ができる時代になった」とｉＰａｄ片手に市況を確認し、取引を指示します。

結婚後も愛知県に住んでいた鈴木さんの一家ですが、平成24年には小久保さんの大分県の農場へ移住し、鈴木さんの夫とともに父親の経営に参画するようになりました。その頃には、鈴木さんと「お花屋さん」の経営とは切り離せないものとなっており、夫を説得しての大分への移住でした。

(有)お花屋さんぶんご清川は、丘陵地の上にあった耕作放棄地で農場を開設し、その当時は地域の人々から「そのうちやめるだろう」と思われていたそうです。県の誘致のもと、多額の補助事業を使っての大規模な施設型農業へのやっかみも激しいものでした。しかし、鈴木さん夫婦が4人の息子とともに移ってきて、地域での見られ方が変わったそうです。鈴木さんも地域に溶け込む努力をし、ＰＴＡにもすぐ入り、夫とともに役員も精力的にこなしています。他の子供達を叱るためにまず必死に大分弁を覚えたそうです。スポーツ大会や地域の行事など、子供を通じて地域に溶け込めたと鈴木さんは言います。

よそ者を受け入れたいが躊躇している地域に対して、受け入れてもらうのを待っているのではなく、覚悟を持って飛び込むことだ、と鈴木さんは言います。地域の人はそんな自分を見てくれていて、頼ってくれるようになる。大分に来られたのは、この地域の色々な人達が自分達を受け入れてくれたから。だから地域に貢献をしたいし、貢献をしてこそ一人前で、この地に住む意味があると鈴木さんは思っています。

鈴木さんは若いながらも県の委員などを様々な役職を頼まれるようになりました。女性で、農業者で、はっきりと意見を言う人材が限られていたから、とのことですが、地域に貢献したいと言う鈴木さんの思いと、そう言う鈴木さんを後押しする地域との総意でしょう。平成26年からは、県の農林水産業振興計画検討委員、平成29年からは県の事業評価監視委員、そして平成30年には県の教育委員に就任しました。教育委員になった時も、この地域に他にそのような人材はいないから地域の代表として意見を言ってもらいたいと背中を押されたそうです。

このような様々な役職を引き受けることについて、鈴木さんはずっと農場にいるより他に出かけて意見を言ったりするのが好きだし、農場では自分のやっている事務作業が評価されないから、と前向きです。女性であるから声が届きやすい面もあると感じています。現状をより良くするための委員なのだからと、どう発言したら実行しやすくなるのかをいつも考えながら発言するそうです。

(3) 鈴木さんの経営への取組

「父は自分の好きなことを自由にやっている」と、鈴木さんは言います。次々と新しいアイディアを出しそれを実現させようとする小久保さん、それを実際の事業として具体化することがずっと鈴木さんの役割でした。新しい事業に取り組むたびに、鈴木さんはそれについて一から勉強し、事業を実現させる中で経験や実力をつけてきました。鈴木さんは「他の人がやっているなら、やれているなら、自分もできる」と取り組んできました。

例えば、農地の売買の手続きも、土地代自体が安いのに司法書士には頼めないと全て自分でやります。父親が長崎に新たに農場を作るためのハウスを建てようとすれば、そのための国の補助事業の申請に必要な資料は鈴木さんが作ります。平成18年には国からの直接採択の事業に取り組み、鈴木さんは事業管理者として補助事業を最初から最後までやりきりました。この経験は大きかった、と鈴木さんは振り返ります。

小久保さんが進めてきた、研修生を独立就農させる「のれんわけ」の事業についても、鈴木さんは研

写真：（有）お花屋さんぶんご清川の全景

修生が独立するための事業計画の策定から生活面まで全面的にサポートをしてきました。研修生が農場で働きはじめてから独立就農するまで、1~8年かかります。独立就農する際には、リース事業や強い農業づくり交付金といった補助事業の活用のための各種手続きも必要です。これまで農場から独立就農した人は7人、今年2人がさらに独立する予定です。

また、独立した後も、その経営の状態が悪くなれば、鈴木さんは金融機関などとともに立て直しにかかります。鈴木さんから見て、若い独立就農者の経営がうまくいかない原因の1つに、自分の口座に振り込まれたお金を計画無く使ってしまうことがあります。研修生として農場にいる間は生産技術を身につけるのに精一杯で、経営の勉強は不十分になりがちなことが背景にあり、鈴木さんは独立就農後に決算書の見方などを勉強させるようにしているそうです。

父親の小久保さんは70歳に近づいてきていますが、新しいことにチャレンジする意欲は引き続き健在です。令和元年度からは、(有)お花屋さんぶんご清川が中心となって参画するコンソーシアムが、農水省のイノベーション創出強化研究推進事業に採択され、研究開発事業である「花き生産・流通の高度化・省力化研究開発プラットフォーム」の管理運営機関となりました。花き産地の労働力不足解消のため、ロボットによるわき芽のAI認識と自動摘蕾といった高度技術の開発のために、企業や研究機関、金融機関などが毎月集まり検討を進めています。また、カンボジアからの実習生が帰国してから菊を作りたいとのことから、カンボジアで農場を作るべくJICA事業にも取り組もうとしています。鈴木さんの仕事は分野も対象地域もさらに拡大しています。

（4）将来に向けて

鈴木さんは、農場やお花屋さんも含めた菊の生産について「父と自分とは状況が異なる」と冷静です。父親の時代は、葬儀で菊の利用が定着するなど、有利な経営環境の中で菊の生産を伸ばすことができました。しかし、時代は変わり、葬儀も簡素化して菊の需要は縮小する中、菊農家は縮小の時代に入っていくと考えています。実際に、菊を生産する農家は減っている中、経営を維持し、固定費や職員の給与を確保するためには、これまでの規模を拡大して販売額を伸ばすのとは違った経営のアプローチが必要だと考えています。

具体的には、生産も販売もより複合的にすることで、利益を得られるような経営にしていこうとしています。輪ギク以外の、スプレー菊や小菊など異なる需要に向けた生産、さらにはクリスマス用のモミの木や、コニファーなどの生産に取り組み始めています。販売については、菊は多くが市場との契約取引ですが、道の駅に色とりどりの小菊を並べたり、アレンジを施した加工に取り組んだりと、販路の多角化を進めています。

鈴木さんが考える農業の成功とは、農業者の子供がその農業を継ぐようになることだそうです。大分の農場を将来鈴木さんの4人の息子達が引き継ぎ、独立就農した若者達と一緒に地域の農業を支えていくようになれば、それは農業の成功のみならず、鈴木さんの地域への貢献の最大のものとなるでしょう。

鈴木さんは、結婚当初から夫から家事・育児を一切任せられ、その中で農業の経営に関わり、家事も農業経営もスキルをあげてきました。農業も育児・家事も、自分一人でやるしかない、誰もサポートしてくれないなら、前に進むしかないと思ったところから、仕事にのめり込んでいったそうです。鈴木さんは、「できません」と言わない主義です。できる方法を探す方が、できない理由を言うより楽しいだろうと言います。元旦以外休まないそうですが、「主婦業と同じです。３６５日同じペースで過ごしています」とのこと。でも、鈴木さんの口調からは、農業や地域で色々な新しい機会が得られることを楽しんでいると感じました。農村で生きていても、いや、農村に生きているからこそ、仕事も家事も子育ても楽しんで暮らせることを体現しているように思いました。

第4章　6人の女性達の示すもの

本書で紹介してきた6人の女性達は、40代までの子育て世代の女性であり、農業法人の経営者あるいは共同経営者です。全員が農業者となることを積極的に選び、農業を通じてそれぞれの持つ目標の実現を図ろうとしています。経営内容も規模も異なる農業法人を経営する6人の女性なのですが、インタビューの中でいろいろな共通点を感じました。

農業における男女共同参画の度合いを図るものとして、女性が経営方針の決定にどれほど関わっているかが取り上げられますが、6人のうち経営主である二人は当然として、共同経営者である4人についても、常に経営主である夫と良く話し合い、経営方針を決める主要プレイヤーとなっています。経営主の2人の場合は、他の役員や外部の専門家など経営を話し合う人がいました。インタビューからは、彼女達の農業経営者としての高い能力を感じましたが、就農のために農業技術や経営について研修などを受けた経験は持たず、OJTの中で身につけています。特に販路開拓、新商品開発、広報、ブランド化と言った販売促進、自らの農場の社員や研修生にとどまらず、農業後継者や消費者までも含めた人材育成において、その能力が大いに発揮されていました。農林水産省や日本政策金融公庫の調査によれば、経営に女性が関わっている方が農業経営の実績がより高いことが指摘されていますが、加工や販売など六次産業化に取り組む経営や雇用のある経営が増えている中で、女性のこのような能力が経営の発展を後押ししているのではないでしょうか。

しかし、大塚早苗さんが言うように、彼女達の目指すものは、男性経営者によく見られる規模や売り上げの拡大による経営の成功とは多少異なっており、規模の多寡に関係なく、自分のやりたいことの実現、子供や農業を支える次世代の育成、そのための地域や都市との繋がりの醸成を意識し、農業の多様な価値を活かすことに熱心でした。

本書で紹介した6人は世代が若く、同時に家事を担当し、（多くの人数の）子育ての真っ最中です。その忙しい生活の中、6人とも農家女性の多くが行っている自家用の家庭菜園の管理などはしていないし、自分は農作業をしないという女性が過半を占めていました。6つの経営全てが独自の販路を持っていますが、直売所や道の駅で売るのではなく、卸や小売との契約販売、ネット上のサイトを活用した販売、個人の顧客対象の販売です。5事例では加工にも取り組んでいますが、農場自体で行うのは一次加工までで、最終製品化の段階では委託加工が一般的です。加工品を中心とする商品開発、それぞれの農場のイメージを農産物や加工品に乗せたブランディングに、彼女達のセンスが光っていました。従来の女性農業者のイメージからは違っていると感じた点です。

その中で、6人とも自分の子供を含めて次世代の農業者や農業のサポーターの育成に非常に熱心なのが印象的でした。農業の持つ様々な価値を楽しんでいるからこそ、それを次世代に残したい、という気持ちも一層強いのだと思います。

原珠里さん、西山未真さんによる女性農業経営主についての分析(7)の中では、女性が農業に従事する課題として、

＊農地や農業施設などの資産を所有する機会が少ない
＊力仕事の多い農作業や男性の使用を前提とした農業機械
＊婚姻を契機として就農することが多く農業についての学習経験が少ない
＊地域社会でのネットワーク形成が弱い
＊家事・育児の負担が女性に偏り、20代、30代の基礎を養う時期に十分な時間やエネルギーを職業に振り向けにくい

ということを挙げています。その上で、女性農業経営主の4事例を考察し、資産については相続や家族のサポートで不足を支え、農作業については経営体の内外の労働力の活用で解決し、農業技術習得は主に就農後に地域の関連機関から習得し、地域社会でのネットワーク形成については独自の販売開拓などを通じて独自のネットワーク形成を行っているとしています。本書で紹介した6人は、この4人よりも総じて年代が若く、全員が10人以上を雇用する農業法人の経営主または共同経営者であるという違いがありますが、分析で示された女性が農業に従事する課題について6人の現状を見ると、資産の所有については経営を法人化していること、農作業については、

(7) 原珠里・西山未真(2015)「女性農業経営主の就農経緯と経営の特徴に関する試論」『農村研究』120号

多数の雇用のある経営であることで、女性であることによる課題をかなり解消しています。

6人中4人は農外からの就農であり、農業についての学習経験の少なさを、自らが経営の様々な場面に積極的に関わることで身につけてきました。しかし彼女達の地域社会での活動を後押しするためにも、大塚早苗さんが受講した農林水産省による女性農業コミュニティリーダー塾のような、女性農業者に対する研修機会の充実が必要ではないかと思います。

女性農業者の多くは地域に「よそ者」として入ってきているのであり、本書で紹介した6人も例外ではありません。しかし、6人の事例の調査から感じたのは、地域への溶け込みの問題よりも、むしろ地域社会がやせ細ってきていて、その中で本書の事例のような若い年代の経営者による農業法人が孤軍奮闘している姿でした。周辺に後継者のいる農業経営が減少する中、自らが地域農業維持のための人材育成をせざるを得ない状況とも言えます。「他産業と違い農業では一人勝ちはできない」という言葉をインタビューの中で何度か聞きました。彼女達は、生産者を育て、消費者を育て、関係人口を育てようとしています。

子育てと経営の両立は、正にこの年代の女性農業者達が直面している課題でした。大家族のメリットや農村での充実した保育環境・育児環境の良さがある一方、学校への送迎の必要性や学童数が少ない中子供の数の多い彼女達にはＰＴＡの役員が頻繁に回ってくるなど、負担もあります。子供がいることで、地域社会に溶け込みやすいという側面もあります。自分達が感じている農業の良さを子供達に伝えたい、子供にも農業をやってもらいたいと思いつつ、子育てをしていました。

本書で紹介してきた女性達は、農業に携わる女性の様々なタイプのうちのほんの一握りのグループですが、６つの事例の経営の内容やそれぞれの女性達の目指すものの多様さには調査を通じて驚かされました。農業に関わる女性の数自体は男性以上に急速に減少していますが、その中で女性農業者は多様化してきており、人数が増加しているグループもあります。

本書で紹介したような女性の農業経営者・役員等の数は、平成27年には６万６０００人で、10年間で34％増加しています。女性の農業就業人口は１００万人、しかもこの10年間に44％も減少している中で、女性の経営者・共同経営者は確実に存在感を高めていると言えます。

平成に入って伸びてきた農村女性起業の数は平成20年頃から９５００～９７００で頭打ちとなっていますが、その中で個人経営による取り組みは増加を続けており、平成20年の４０７６から平成28年には５１７８となっています。自分の経営の中で加工や直売に取り組む女性も増えています。

また、農林水産省の「新規就農者調査」によると、新規就農者数に占める女性の比率は24％ですが、雇用で就農した女性の比率は、若い世代を中心に34％とより高くなっており、農業を職業として選ぶ若い女性の存在が伺われます。

国勢調査の女性農業従事者数をみると、多くは家族従業者となっており平成27年で72・１％を占めています（表３）。しかし、その数は女性農業者数全体を上回るペースで減少しており、全体に占める割合も減少しつつあります。その中で人数を大幅に伸ばしているのがパート・アルバイトなどの雇用者であり、平成12年から平成27年の間に66・6％の伸びとなっています。

また、「役員」や「雇い人のある業主」は少ないながらも人数は横ばいとなっています。男性の農業従事者でこれらの数値がプラスとなっており、法人経営や雇用のある経営の増加が進む中で、女性についても経営主の比率が高まっていることを示しています。65歳以上の割合で見ると、配偶者から経営を継承した女性が多いと思われる「雇人のない業主」は71％と高く、家族従業者となっている女性も58％と高くなっています。一方、雇用者となっている女性は年齢層が低く、雇人のある業主である女性はやや若い年齢層で構成されており、時代とともに女性の農業への関わり方が変化していることがうかがえます。

青山浩子さんは、時代の変遷とともに変わる女性農業者について、生活改善実行グループの活動に代表される「自立期」

表３　男女別農業従事者の内訳の変化

（単位：人、％）

	女性				男性		
	平成 12 年	平成 27 年	平成 12－平成 27 年	65 歳以上の割合	平成 12 年	平成 27 年	平成 12－平成 27 年
農業従事者数（総数）	1,314,355	777,440	▲40.9	53.3	1,537,904	1,207,500	▲21.5
雇用者	120,530	112,400	▲6.7	21.3	122,378	157,719	28.9
うち正規の職員・従業員	65,691	29,610	▲54.9	15.8	92,791	91,742	▲1.1
うちパート・アルバイト・その他	54,839	91,350	66.6	20.8	29,587	62,328	110.7
役員	5,165	4,610	▲10.7	32.5	14.666	21,040	43.5
雇人のある業主	6,193	6,090	▲1.7	51.6	87,956	96,180	9.4
雇人のない業主	175,071	83,340	▲52.4	71.0	1,101,904	725,950	▲34.1
家族従業者	1,006,986	560,230	▲44.4	58.2	210,713	155,290	▲26.3

出所：国勢調査（該当年）

（第二次大戦後～平成3年）、農村起業が増加し女性農業者による組織がいくつも誕生した「成長期」（平成4年～平成22年）、農業女子プロジェクトなどが推進されるようになった平成22年以降の「転換期」に分けています[(8)]。女性農業者に関わるこれらの動きに加え、農家の減少の一方での農業法人の増加や経営体への支援の集中、農業の六次産業化など農業・農村社会全体の変化、男女共同参画社会基本法の施行のような女性全体をめぐる変化の中で、農業に携わる女性は多様化してきています。それぞれの時代のタイプの女性農業者が重層的に存在し、さらに新しい時代に即して農業への関わり方を変化させてきています。

女性農業者を巡る環境の変化だけではなく、農業就業人口の減少、農業の法人化や雇用のある経営の増加、加工や販売に取り組む経営の増加、情報技術の発達を通じた発信やネットワーク構築などの変化といった農業全体の変化が、農業の多様化をもたらし、女性農業者の選択肢を広げています。農業者の男女の違いよりも、取り組む経営の違いの方が大きい時代になったと言えるのかもしれません。

吉村みゆきさんは、農業について「1つの農場の中で作る所から売るまで色々なことができる、この上なくクリエイティブで豊かな職業」と表現しました。谷江美さんは、「農業では自分のやりたいことをそのまま形にすることができる。女性農業者にステレオタイプはないし、女性農業者とは何かなんてわからない」と言いました。農業の奥深さと可能性を感じます。

（8）青山浩子（2017）「女性が動かす農業、そして農村社会」『農業経営研究』第55巻第1号最後になりましたが、本書を書くにあたっては、事例に紹介した女性農業者の方々に加え、とても多くの方の助言をいただきました。全国各地でいろいろな方から、「農業女性」「農村女性」という用語へのダメ出しを含め、経験や知見を伺うことができました。個々のお名前をここに書ききれるものではありませんが、皆様に篤く御礼申し上げます。

【著者略歴】

和泉 真理［いずみ　まり］

〔略歴〕
一般社団法人日本協同組合連携機構（JCA）客員研究員。1960年、東京都生まれ。東北大学農学部卒業。英国オックスフォード大学修士課程修了。農林水産省勤務をへて現職。

〔主要著書〕
『食料消費の変動分析』農山漁村文化協会（2010年）共著、『農業の新人革命』農山漁村文化協会（2012年）共著、『英国の農業環境政策と生物多様性』筑波書房（2013年）共著、『就農への道』農山漁村文化協会（2019年）共著。

JCA研究ブックレットNo.28

子育て世代の農業経営者
農業で未来をつくる女性たち

2020年5月8日　第1版第1刷発行

著　者◆和泉 真理
発行人◆鶴見 治彦
発行所◆筑波書房
東京都新宿区神楽坂2-19 銀鈴会館 〒162-0825
☎03-3267-8599
郵便振替 00150-3-39715
http://www.tsukuba-shobo.co.jp

定価は表紙に表示してあります。
印刷・製本＝平河工業社
ISBN978-4-8119-0573-0　C0061